Impressum:

Copyright © 2015 GRIN Verlag, Open Publishing GmbH
Druck und Bindung: Books on Demand GmbH, Norderstedt Germany
ISBN: 978-3-668-13609-0

Dieses Buch bei GRIN:

http://www.grin.com/de/e-book/309282/wasser-auf-dem-mars-gas-eis-und-fluessig-
keit

Vinzenz Velten

Wasser auf dem Mars. Gas, Eis und Flüssigkeit

GRIN Verlag

SEMINARARBEIT

Rahmenthema des Wissenschaftspropädeutischen Seminars:

Wasser

Leitfach: *Geographie*

Thema der Arbeit:

Wasser auf dem Mars

Verfasser:

Vinzenz Ludwig Velten

Abgabetermin: *10.11.2015*

Gliederung

1. Eckdaten des Mars

Um näher auf die Beschaffenheit des Mars eingehen zu können, ist es notwendig, zuerst die wichtigsten und auffallendsten Merkmale dieses Planeten zu verstehen. Vor allem die Unterschiede zwischen Erde und Mars sind hierbei relevant.

Eigenschaft	Erde	Mars
Mittlere Entfernung von der Sonne	150 Mio. km	228 Mio. km
Achsenneigung	23,5°	25,2°
Bahnexzentrizität	0,0167	0,0934
Jahreslänge	365 Tage	687 Erdentage
Tageslänge	23h 56min	24h 37min
Masse	$5,97 \times 10^{24}$ kg	$6,42 \times 10^{23}$ kg
Gravitation	9,81 m/s^2	3,71 m/s^2
Oberfläche	510 Mio. km^2	144 Mio. km^2
Mittlerer Luftdruck am Boden	1013 mb	5,6 mb
Durchschnittstemperatur der Atmosphäre	15° C	-63° C

Tab. 1.1: Planetendaten – Erde und Mars (nach Puttkamer 2012, S. 248f. und http://mars.nasa.gov/ allaboutmars/facts/)

Der Mars ist, von der Sonne ausgehend, der vierte Planet in unserem Sonnensystem. Er ist somit der äußere Nachbar der Erde. Dennoch ist die mittlere Entfernung des Mars zur Sonne circa 1,5-mal so groß wie die der Erde. Wichtige Planetendaten sind in der Tabelle 1.1 zusammengefasst. Die Achsenneigung des Mars ist der der Erde ziemlich ähnlich, wodurch Jahreszeiten auch auf dem Mars existieren. Während die Bahnexzentrizität der Erde fast 0 ist (das heißt: die Umlaufbahn der Erde ist ein fast perfekter Kreis), umrundet der Mars die Sonne mit einer 5,6-fach elliptischeren Bahn. Der Abstand des Mars zur Sonne schwankt zwischen 207 Mio. km und 249 Mio. km. Dadurch werden wesentlich extremere Jahreszeiten auf der Südhalbkugel des Mars verursacht (eine Erläuterung folgt im Gliederungspunkt 2.3). Einerseits ist das Jahr des Mars fast doppelt so lang wie das der Erde, andererseits weisen Mars und Erde eine ähnliche Tageslänge auf. Die Masse des Mars beträgt nur 11% der Masse der Erde, wodurch die Gravitation des Mars wesentlich geringer ausfällt – nur 38% im Vergleich zur Erde. Daraus resultiert eine geringere Fluchtgeschwindigkeit und damit eine dünnere Atmosphäre als auf der Erde. Obwohl die Oberfläche des Mars nur etwa einem Viertel der Erdoberfläche entspricht, weisen beide Planeten ungefähr dieselbe Landfläche auf, weil die Erde zu drei Vierteln mit Wasser bedeckt ist. Der mittlere Luftdruck am Boden ist mehr als 100-mal kleiner als der der Erde. Die Durchschnittstemperatur der Atmosphäre der Erde beträgt 15° C; die des Mars ist mit -63° C um 78° C kälter. (nach Puttkamer 2012, S. 248f. und http://mars.nasa.gov/allaboutmars/facts/)

Natürlich haben sich die Eigenschaften des Mars seit seiner Entstehung vor 4,5 Milliarden Jahren in vielerlei Hinsicht geändert. So lässt sich die Geschichte des Mars in drei (Haupt-)Perioden einteilen, die nach verschiedenen Regionen des Planeten benannt sind: Die Noachische, Hesperianische und Amazonische Periode. In der Zeit vor diesen Perioden (vor 4,5- 4,1 Milliarden Jahren) formten sich die Atmosphäre und die Kruste des Mars. Die Atmosphäre war zu dieser Zeit wegen der Evaporation, die aus der Abkühlung des Planeten resultierte, und zahlreicher Asteroiden- und Kometeneinschläge sehr dicht.

Das Noachische Zeitalter (vor 4,1- 3,7 Milliarden Jahren) war immer noch von Einschlägen geprägt. Hierbei bildeten sich zahlreiche Bodensenken wie das Hellas-Einschlagbecken (**Abb. 1.1**). Ein weiteres Kennzeichen der Noachischen Periode ist die starke Zunahme von vulkanischer Aktivität, durch die sich zum Beispiel riesige Landmassen in der Tharsis-Region auftürmten. Die dabei ausgestoßenen Eruptionen schleuderten zudem Licht absorbierende Asche und Gase in die Atmosphäre, die sich folglich aufheizte. Zudem enthielt der Mars einen warmen Kern, der ein starkes Magnetfeld erzeugte. Die dabei entstehende Magnetosphäre schützte die Atmosphäre des Mars vor Sonnenwind.

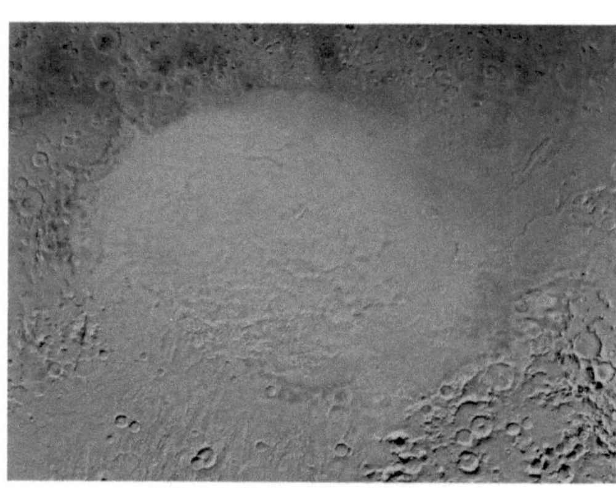

Abb. 1.1: Hellas-Einschlagbecken

Das Hesperische Zeitalter (vor 3,7- 2,9 Milliarden Jahren) ist gekennzeichnet sowohl durch eine verringerte Anzahl von Asteroiden- und Kometeneinschlägen, als auch eine etwas schwächere geologische Aktivität. Im Verlauf des Hesperian nahm auch die Konvektion des Kerns ab, die zu einer schwächeren Magnetosphäre führte. Weil die Magnetosphäre die Atmosphäre vor Sonnenwinden schützt, wurde ein großer Teil der marsianischen Gashülle von Solarwinden abgestreift. Die Abkühlung des Kerns hatte außerdem zur Folge, dass die zuvor starke vulkanische Aktivität des Mars nachließ. Das Amazonian (vor 2,9 Milliarden Jahren bis heute) weist relativ wenig vorhandene geologische Aktivitäten und klimatische Veränderungen auf. (nach http://sci.esa.int/ mars-express/55481-the-ages-of-mars/ und Bennett 2010, S. 439)

Ein weiteres wichtiges Merkmal des Mars ist die Anzahl der (natürlichen) Satelliten:

Abb. 1.2: Phobos

Die Erde hat den Mond, während um den Mars Phobos (**Abb. 1.2**) und Deimos kreisen. Die wahrscheinlichste Erklärung für die Existenz von Phobos und Deimos ist der Einschlag eines Großkörpers in den Mars. Aus dem Material, das bei dieser Kollision in den Weltraum hinausgeschleudert wurde, konnten sich ergo Trabanten formen. (nach http://www.spektrum.de/news/woher-kommen-die-marsmonde/1349096)

Vor allem für die Raumfahrt ist es bedeutend, dass die Entfernung zwischen Mars und Erde stark schwankt. Weil Erde und Mars unterschiedlich schnell die Sonne umkreisen, variiert die Entfernung zwischen den beiden Planeten. Die kleinste Distanz zur Erde beträgt in etwa 55 Millionen km; diese Entfernung ereignet sich etwa alle 26 Monate. Dadurch lässt sich erklären, warum die letzten Marsmissionen nur in ungeraden Jahren stattfanden. (nach http://mars.jpl.nasa.gov/allaboutmars/nightsky/mars-close-approach/)

2. Areographie, Areologie

2.1. Gestein

Eines der auffallendsten Merkmale des Mars ist seine rötliche Färbung (**Abb. 2.1**), die ihm auch seinen Namen verlieh. Der Mars, der durch seine Färbung auch als der rote Planet bezeichnet wird, ist nach dem gleichnamigen römischen Kriegsgott benannt, weil Rot die Farbe des Krieges und der Zerstörung ist. (nach http://www.universetoday.com/61088/why-mars-is-called-the-red-planet/)

Abb. 2.1: Rötliche Färbung des Mars

Doch woher kommt diese Färbung? Das Gestein des Mars ist an der Oberfläche hauptsächlich Basalt – ein Stoff vulkanischen Ursprungs, der auf der Erde und dem Mond meist eine dunkelgraue bis schwarze Färbung aufweist. Der Einfluss des in der Atmosphäre enthaltenen Sauerstoffs des Mars und des früher vorhandenen Wassers führten zur Oxidation des Eisens, das in Basalten enthalten ist. Diese Verwitterung, die so ähnlich auch in irdischen Wüsten abläuft, resultiert in rostrot gefärbtem Gestein. (nach Jaumann 2013, S. 108)

Durch Experimente der Mars-Rover, Analysen von Mars-Meteoriten und spektralen Oberflächenuntersuchungen lassen sich weitere Merkmale des Marsgesteins feststellen. Das Gestein ist demnach mit hohen Anteilen an Kalium, Rubidium, Neodym, Uran, Thorium, Schwefel und Chlor versehen. (nach Arnold 2014, S. 451f.) „Im Vergleich zum Erdmantel dürfte der des Mars doppelt so viel FeO [(Eisenoxid)] führen und höhere Konzentrationen von Na [(Natrium)] und P [(Phosphor)] haben." (Arnold 2014, S. 452)

2.2. Oberflächenstrukturen

An einer groben Karte des Mars (**Abb. 2.2**) sind seine größten Oberflächenstrukturen gut zu erkennen. Die bedeutendsten Gebiete des Mars sind die Tharsis-Region, das Hellas-Einschlagbecken und die Valles Marineris, die im Osten der Tharsis-Region

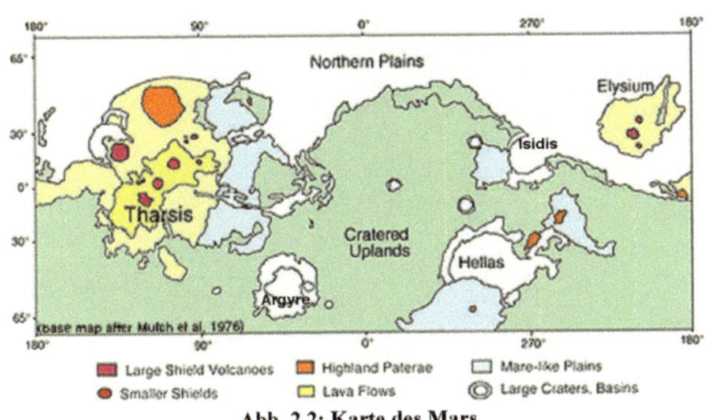

Abb. 2.2: Karte des Mars

verlaufen. (nach http://mars.jpl.nasa.gov/gallery/atlas/valles-marineris.html)

„Der für die Morphologie des Mars prägendste Prozess [...] ist die Dichotomie der Kruste." (Rocard 2013, S. 198) Das Flachland im Norden weist generell eine relativ glatte Oberfläche auf, wohingegen sich in der alten Hochebene im Süden viele Krater befinden (**Abb. 2.2**). Weil die Asteroiden- und Kometeneinschläge über die Epochen immer weiter abnahmen, lassen sich die einzelnen Regionen der Marsoberfläche den in 1. genannten Zeitaltern zuordnen. Auf jungen Ebenen sind wenig Krater, auf alten viele zu sehen – d. h. der Norden ist jünger als der Süden des Mars. Über die Ursache dieser Zweiteilung existieren viele Theorien. Eine davon besagt, dass Konvektions- und Subduktionsbewegungen zu einer verstärkten Ablagerung von Lava im Süden resultiert haben. Unabhängig davon könnte der Einschlag eines großen Himmelskörpers zu einem voluminösen Becken im Norden geführt haben. (nach Rocard 2013, S. 198ff. und Jaumann 2013, S. 118f.)

Wie bereits oben erwähnt, gehören die Einschlagbecken des Mars zu seinen bedeutendsten Gebieten. Einschlagbecken sind große Krater, bei denen die Kruste bis auf den Mantel durchschlagen wurde. Mit einem Durchmesser von rund 2200 km und einer Tiefe von bis zu 9,5 km ist das Hellas-Einschlagbecken (**Abb. 1.1**) nach derzeitigem Wissensstand die zweitgrößte Impaktstruktur im Sonnensystem. Das Hellas-Becken entstand vor etwa 4,1 Milliarden Jahren durch den Einschlag eines vermutlich über 100 km großen Asteroiden. Durch die lange Zeit, die seit dem Einschlag vergangen ist, weist Hellas Planitia weitere Krater

Abb. 2.3: Der Nordwesten von Hellas Planitia

innerhalb des eigenen Einschlagbeckens auf (**Abb. 2.3**). Etwa 3000 km weiter südwestlich (**Abb. 2.2**) befindet sich Argyre Planitia, ein Einschlagbecken mit einem Durchmesser von mehr als 1000 km und einer Tiefe von über 5 km. Isidis mit einem Durchmesser von 1500 km erstreckt sich bei etwa 90° Ost quer über den Verlauf der Dichotomie des Mars (**Abb. 2.2**). Alle drei Einschlagbecken sind in etwa an den Antipoden großer Vulkane gelegen – wahrscheinlich haben die großen Einschläge, durch die die Einschlagbecken gebildet wurden, auch gleichzeitig Vulkanaktivitäten an den Antipoden hervorgerufen. (nach Rocard 2013, S. 199 und Jaumann 2013, S. 120 und http://www.dlr.de/dlr/desktopdefault.aspx/tabid-10212/332_read-11314/)

Das von vulkanischer Aktivität am stärksten geprägte Gebiet ist die Tharsis-Region. Die bis zu fünf km hohe Ausbuchtung Tharsis Montes ist mit einer Fläche von 30 Millionen km² fast 3-mal so groß wie Europa.

„Der gewaltige Tharsis-Komplex [...] ist durch das Aufdringen gewaltiger Magmamengen entstanden. [...] Außerdem ließen vermutlich unzählige Vulkanausbrüche Tharsis immer mehr in die Höhe wachsen." (Jaumann 2013, S. 128)

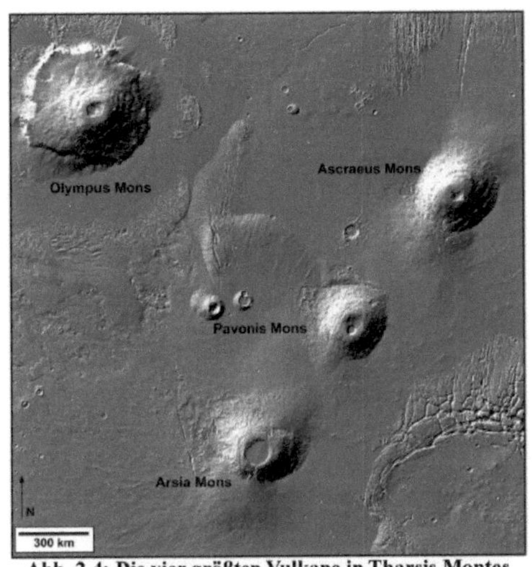

Abb. 2.4: Die vier größten Vulkane in Tharsis Montes

Die größten vier Vulkane in Tharsis sind die Schildvulkane Ascreus Mons, Pavonis Mons, Arsia Mons und Olympus Mons (**Abb. 2.4**). Olympus Mons, der sich an der nordwestlichen Flanke von Tharsis Montes befindet, ist mit etwa 25 km Höhe (fast 3-mal so hoch wie der Mount Everest) und einem Durchmesser von 624 km der größte (bekannte) Vulkan im ganzen Sonnensystem.

Doch warum sind die Vulkane auf dem Mars so groß? Ein Grund ist, dass sich auf dem Mars keine plattentektonischen Prozesse ereignen. Bei der Erde bewegt sich die Litosphärenplatte auf dem plastischen Erdmantel horizontal voran, so dass der magmatische Förderkanal der terrestrischen Vulkane abgeschnitten wird. Auf dem Mars findet dieser Prozess nicht statt, so dass unter dem Olympus Mons vermutlich über zwei Milliarden Jahre Magma produziert werden konnte. Zudem ist „wegen der geringeren Gravitation des Mars [...] die Auftriebskraft höher und die Masse des riesigen Vulkans lastet nicht so heftig auf der Lithosphäre, als dass der Vulkan mitsamt der eingedrückten Kruste absackt" (Jaumann 2013, S. 124).

An der geringen Kraterdichte in der Gipfelcaldera (**Abb. 2.5**) des Olympus Mons oder an kleineren Vulkanen der Tharsis-Region fällt auf, dass die Vulkane des Mars vor nicht allzu langer Zeit – vielleicht 20 Millionen Jahren – aktiv waren. Daraus resultiert, dass weitere Vulkanausbrüche auf dem Mars durchaus wahrscheinlich sind, obwohl das Innere des Planeten kontinuierlich abkühlt. Dennoch

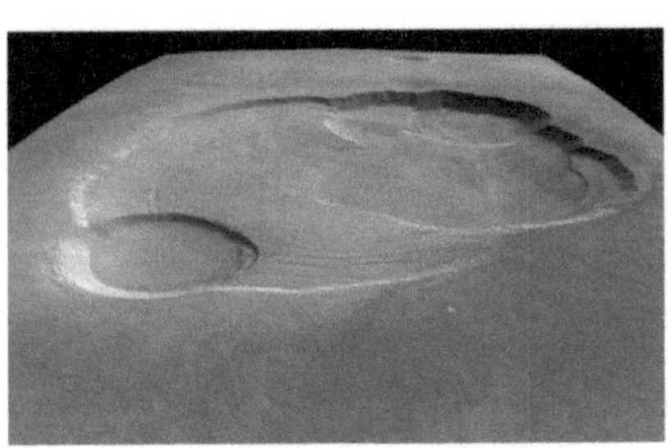

Abb. 2.5: Caldera des Olympus Mons

weisen die Lavaströme zwischen den Vulkanen eine hohe Kraterdichte auf, woraus folgt, dass der Vulkanismus während der gesamten Geschichte des Planeten existent war. (nach Jaumann 2013, S. 123ff. und Bennett 2010, S. 379 und http:// mars.jpl.nasa.gov/gallery/atlas/tharsis-montes.html und http://mars.jpl.nasa.gov/gallery/ atlas/olympus-mons.html)

Die Valles Marineris (**Abb. 2.6**) sind ein langes System von Tälern, das sich am Äquator östlich der Tharsis Montes über fast 4000 km erstreckt. Sie weisen eine Tiefe von bis zu 10 km auf und sind bis zu 200 km breit. Zum Vergleich: Der Grand Canyon ist nur 446 km lang, 30 km breit und 1,6 km tief.

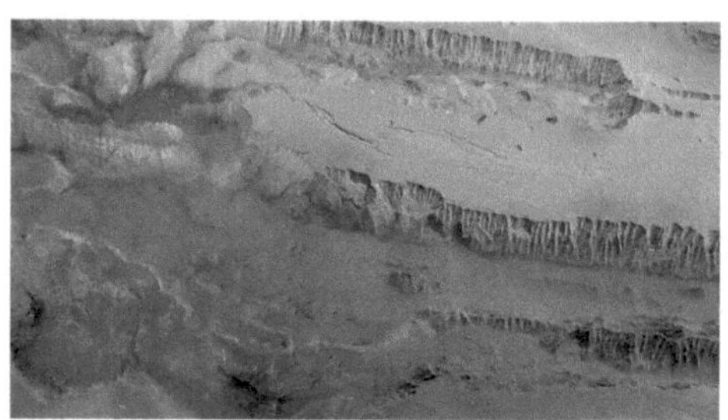

Abb. 2.6: Valles Marineris

Die Valles Marineris könnten durch tektonische Spannungen entstanden sein, die durch das Ansteigen der Tharsis-Region hervorgerufen wurden. Hierbei brach die Oberfläche wahrscheinlich zunächst an einigen Stellen auf; anschließend bewirkte die Verwitterung, dass die einzelnen Gruben zu Tälern verbunden wurden. Während des ganzen Hesperiums bis weit ins Amazonium hat die Entwicklung und erosive Gestaltung der Valles Marineris stattgefunden. In letzter Zeit wurden die Ablagerungen der Canyonböden fast nur durch Windeinwirkung verändert. (nach Bennett 2010, S. 379f. und Jaumann 2013, S. 120/ 126ff. und http:// www.space.com/20446-valles-marineris.html und http://mars.jpl.nasa.gov/gallery/atlas/ valles-marineris.html)

2.3. Klima und Wetter

Das Wetter auf dem Mars verändert sich von (Mars-)Jahr zu Jahr kaum. Dennoch ist der Mars langfristigen Klimaänderungen aufgrund seiner Achsenneigung unterworfen. (nach Bennett 2010, S. 437)

Derzeit liegt die Temperatur normalerweise weit unter dem Gefrierpunkt – bei einer durchschnittlichen Jahrestemperatur von -63° C (**Tab. 1.1**). Dieser erhebliche Unterschied zur Erde ergibt sich aus dem niedrigen Atmosphärendruck, der einen schwachen

Treibhauseffekt bewirkt, obwohl die Atmosphäre zum größten Teil aus Kohlenstoff-
dioxid besteht. Hinzu kommt, dass wegen der größeren Entfernung zur Sonne bedeutend weniger Strahlungsenergie zum Mars gelangt. Generell kommen Temperaturen
zwischen etwa -125° C und 23° C auf dem Mars vor. Die Tagestemperaturen des Mars
schwanken um circa 150° C, weil die thermische Trägheit der Meere auf dem Planeten
fehlt. Auch die kaum vorhandenen Wolken, die die thermische Strahlung blockieren,
tragen zur schnellen Abkühlung des Planeten in der Nacht bei.

Dennoch wurde auf dem Mars bereits Wolkenbildung beobachtet: Die Entstehung
von Wolken aus Kohlendioxid- oder Wassereiskristallen ist wegen seiner niedrigen
Temperaturen möglich. Auch Morgennebel in den Gräben (**Abb. 2.7**), der nach Sonnenaufgang allerdings schnell verschwindet, ist existent. (nach Rocard 2013, S. 210 und Bennett 2010, S. 435/ 437)

Abb. 2.7: Morgennebel

Wie die Erde hat auch der Mars Jahreszeiten, die allerdings doppelt so lange dauern. Wegen der elliptischen Form der Umlaufbahn befindet sich der Mars näher an der Sonne und bewegt sich schneller, wenn auf der Südhalbkugel Sommer ist. Analog dazu ist der Mars im Winter der Südhalbkugel von der Sonne weiter entfernt und bewegt sich lang-
samer. Daraus resultieren extremere Jahreszeiten auf der Südhalbkugel (kurze, heiße

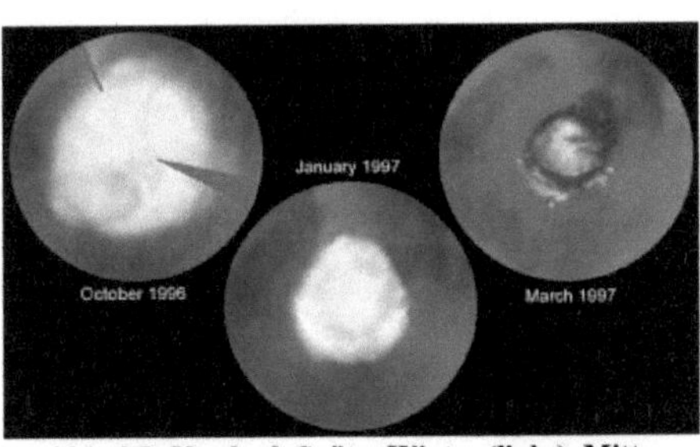

**Abb. 2.8: Nordpol: Später Winter (links), Mitte
Frühling (mitte), Frühsommer (rechts)**

Sommer und lange, kalte Winter) als auf der Nordhalbkugel (lange, kühle Sommer und kurze, milde Winter).

Durch diese Jahreszeiten ergeben sich Änderungen des Eisvorkommens an den Polen (**Abb. 2.8**). Diese erzeugen Winde, die vom sommerlichen zum winterlichen Pol wehen, weil der atmosphärische Druck am
sommerlichen Pol steigt und am winterlichen Pol abnimmt. Die Winde lösen

Staubstürme aus, die die Oberfläche so stark verhüllen, dass ihre Struktur nicht mehr zu erkennen ist. Hierdurch bilden sich auch Staubteufel (**Abb. 2.9**): Wirbelwinde, die – anders als Tornados – vom Boden ausgehen. (nach Bennett, S. 435f.) „Die Luft in einem Staubteufel wird vom durch die Sonne aufgeheizten Boden erwärmt und wirbelt herum, weil sie mit den vorherrschenden

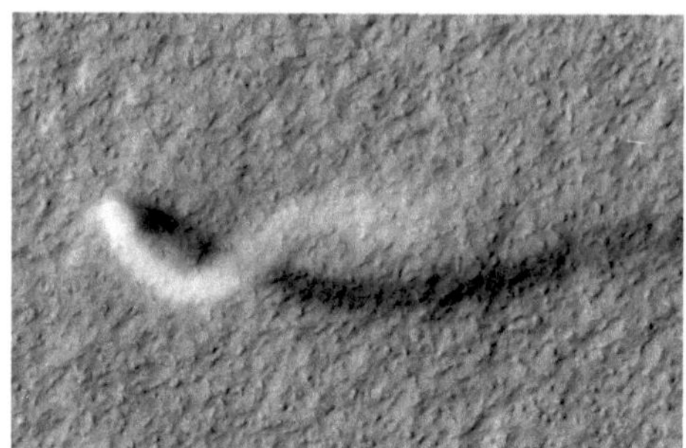

Abb. 2.9: Staubteufel auf dem Mars

Winden wechselwirkt." (Bennett, S. 435f.)

3. Wasser

3.1. In der Atmosphäre als Gas

Die Atmosphäre des Mars ist mehr als 100-mal dünner als die der Erde (**Tab. 1.1**). Hauptbestandteile seiner Luft sind Kohlendioxid (95%), Stickstoff (2,7%), Argon (1,6%) und Sauerstoff (0,13%). Im Durchschnitt enthält die Marsatmosphäre 0,2% Wasserdampf, somit ist die Häufigkeit von Wasserdampf 1000- bis 10000-mal geringer als in der Erdatmosphäre. (nach Arnold 2014, S. 383f.)

Wegen der Jahreszeiten auf dem Mars ist die Dichte der Atmosphäre Schwankungen unterworfen. Im Sommer des Nord- bzw. Südpols sublimieren das dortige Trockeneis und das gefrorene Wasser (**Abb. 2.8**). Dies bewirkt eine Erhöhung der Konzentration von Kohlendioxid und Wasser in der Atmosphäre. Wenn das dadurch entstandene Gas an der jeweils anderen Polkappe resublimiert, nimmt der Atmosphärendruck wieder ab. Der höchste Wert des Luftdrucks ist während des Sommers der Südhalbkugel zu messen und liegt bei 10 Millibar. (nach Rocard 2013, S.206ff.)

Unter den richtigen Druck- und Temperaturverhältnissen kann der Wasserdampf in der Atmosphäre Wassereiswolken (**Abb. 3.1**) bilden. Kühle Aufwinde an den Seiten der Tharsis-Vulkane tragen den Wasserdampf in höher gelegene Gebiete, bis dieser in circa 20 km Höhe zu Eiskristallen ausfriert. (nach Arnold 2014, S. 386f.)

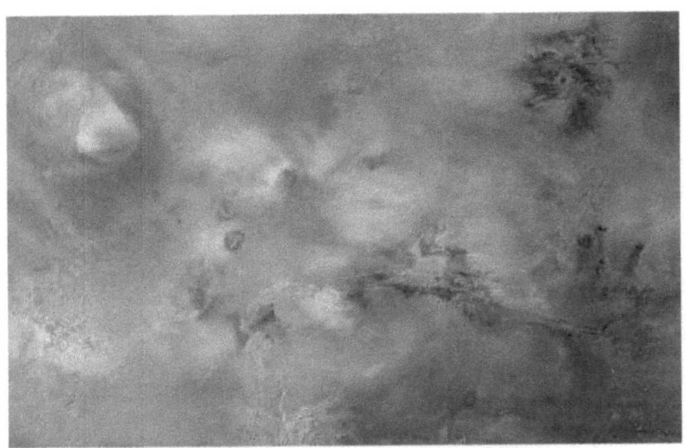

Abb. 3.1: Wassereiswolken über Tharsis Montes

Abb. 3.2: PFS-Spektren des Äquators und des Südpols

Das Planeten-Fourier-Spektrometer (PFS) misst die vom Mars reflektierte Sonnenstrahlung in einem bestimmten Wellenlängenbereich. **Abb. 3.2** zeigt die PFS-Spektren des Äquators und des Südpols. Beide Spektren zeigen Vorkommen von Wasser im Wellenzahlbereich von 3750 cm^{-1} bis 3950 cm^{-1} an. Daraus resultiert, dass sich über beiden Messorten Wasser in gasförmiger Form befindet. Allerdings sind die Absorptionslinien von Wasser im Südpol-Spektrum stärker ausgeprägt, als im Äquator-Spektrum. Der Grund hierfür ist das eisförmige Wasser, das zusätzlich zum gasförmigen Wasser am Südpol vorzufinden ist. Zudem wird an der südlichen Polkappe Trockeneis im Wellenlängenbereich um 4370 cm^{-1} angezeigt. (nach http://www.ptb.de/cms/presseaktuelles/zeitschriften-magazine)

3.2. Vorhandensein von Wassereis

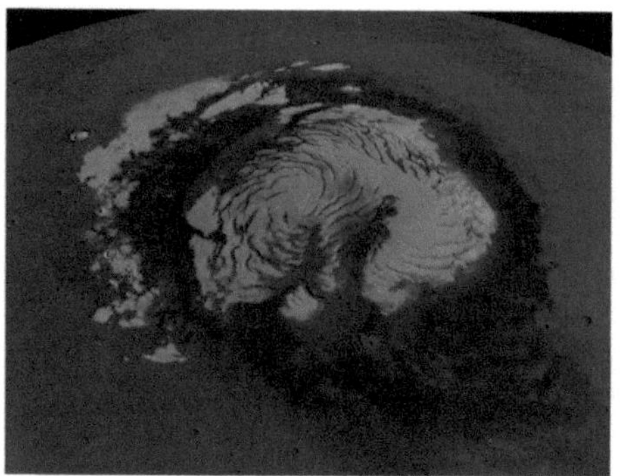

Abb. 3.3: Nordpol

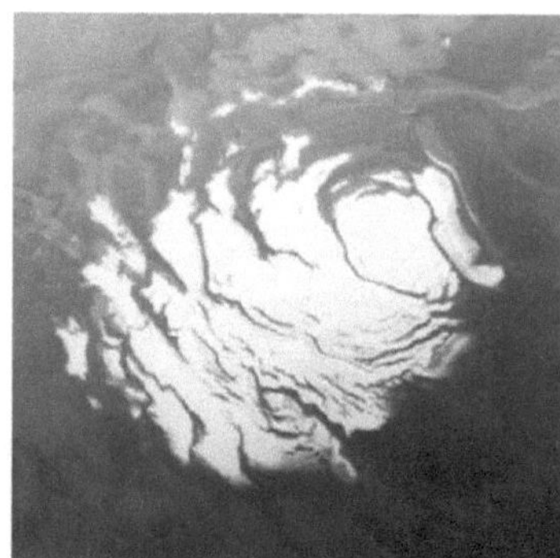

Abb. 3.4: Südpol

Die Polkappen des Mars enthalten hauptsächlich Wasser- und Trockeneis gemischt mit Staub und Sand, wobei das Wassereis von einer Schicht Trockeneis bedeckt ist, die im Sommer des jeweiligen Pols sublimiert und im Winter resublimiert. Wegen der Dichotomie der Kruste (siehe 2.2) überragt die große, flache Kuppe des Nordpols (**Abb. 3.3**) die Tiefebene um einige 1000 m, wohingegen der Südpol (**Abb. 3.4**) inmitten des Hochlandes liegt. Mit einem Durchmesser von mehr als 1000 km und einer Höhe von circa 3 km erstreckt sich die nördliche Polkappe bis zum 80. Breitengrad. Das Südpoleis ist bis zu 3,7 km hoch und weist einen Durchmesser von 420 km auf. Dennoch sind beide Polkappen jahreszeitlichen Schwankungen unterworfen (**Abb. 2.8**).

Die Strukturen beider Polkappen weisen spiralförmige Täler auf (**Abb. 3.3** und **Abb. 3.4**). Am Nordpol sind Spiralen gegen den Uhrzeigersinn zu erkennen, am Südpol jedoch verlaufen sie im Uhrzeigersinn. Diese Erosion entsteht durch permanente Fallwinde, die wegen der kalten und dichten Luft über den Polarregionen auftreten. Diese Winde verlaufen aus den oberen Atmosphärenschichten nach unten und streifen anschließend über die Planetenoberfläche. Die Corioliskraft wirkt hierbei aufgrund des entgegengesetzten Drehsinns von Nord- und Südpol in verschiedene Richtungen. Ein weiteres Geländemerkmal des Nord- und Südpols sind die Spalten, die wahrscheinlich durch die Zyklen von schmelzendem und gefrierendem Wasser hervorgebracht wurden. Weil sich Wasser im Schmelzvorgang zusammenzieht und beim Gefrieren ausdehnt,

Abb. 3.5: Chasma Boreale

könnten sich Täler wie das Chasma Boreale (**Abb. 3.5**) auf dem Nordpol gebildet haben. Dieser Canyon misst an seiner breitesten Stelle 100 km und ist vereinzelt über 2 km tief. (nach Rocard 2013, S. 218ff. und Jaumann 2013, S.134f. und Arnold 2014, S. 406f. und http://www.raumfahrer.net/news/astronomie/27052010213758.shtml)

Dass sich auf dem Südpol Wassereis befindet, wurde bereits in 3.1 beschrieben. Dennoch muss noch bewiesen werden, ob der Nordpol Wassereis enthält und wo genau

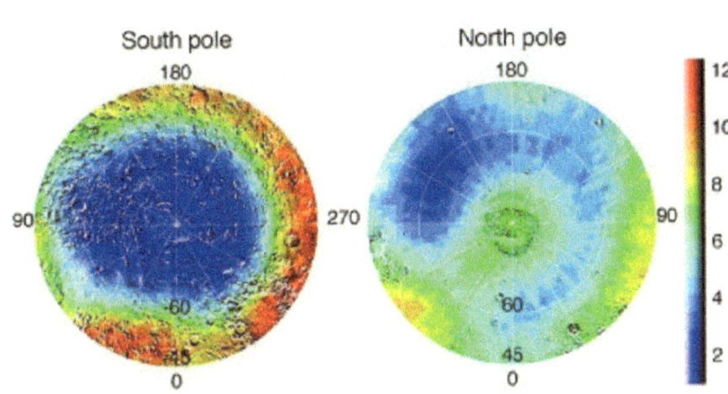

Abb. 3.6: Vorkommen von Wassereis im Boden

gefrorenes Wasser an den Polen existiert. **Abb. 3.6** ist dort dunkelblau eingefärbt, wo viel Wassereis an der Marsoberfläche vorkommt. Sie zeigt an, dass der Südpol von viel Wassereis umgeben ist und der

Nordpol bedeutend weniger gefrorenes Wasser an der Oberfläche aufweist. Die Ursache hierfür liegt jedoch nur an den Jahreszeiten während der Aufnahme. Weil auf dem Nordpol Winter herrscht, ist sein Wassereis von einer Schicht Trockeneis bedeckt. Das Gammastrahlenspektrometer, mit dem die Abbildung oben erstellt wurde, misst bis zu 1 m Tiefe, wodurch das Ausmaß der unteren Schichten gefrorenen Wassers nicht erfasst werden konnte. Dennoch reicht das hierdurch gefundene Wassereis aus, um den Michigansee mehr als 2-mal zu befüllen. (nach http://science.nasa.gov/science-news/science-at-nasa/2002/28may_marsice/)

Die Dimensionen, die das Wassereis am Südpol annimmt, stellt **Abb. 3.7** dar. Sie zeigt die farbkodierte Dicke der Wassereisschicht, die bis zu 3,7 km misst. Die Karte stellt ein Gebiet von 1670 km Breite und 1800 km Länge dar. Das Volumen des dort gemessenen Eises ist so groß, dass es beim Schmelzen die Marsoberfläche mit einer Wasserschicht von 11 m bedecken würde (mit der Annahme, dass der Mars eben ist). Der dunkle Kreis in der Abbildung zeigt die Stelle an, wo keine Daten gesammelt werden konnten. Die schwarzen Konturen, die teilweise von diesem Kreis bedeckt sind, begrenzen die immer vorhandene Eiskappe. (nach http://www.nasa.gov/mission_pages/mars/images/pia09224.html und Bennett 2010, S. 537)

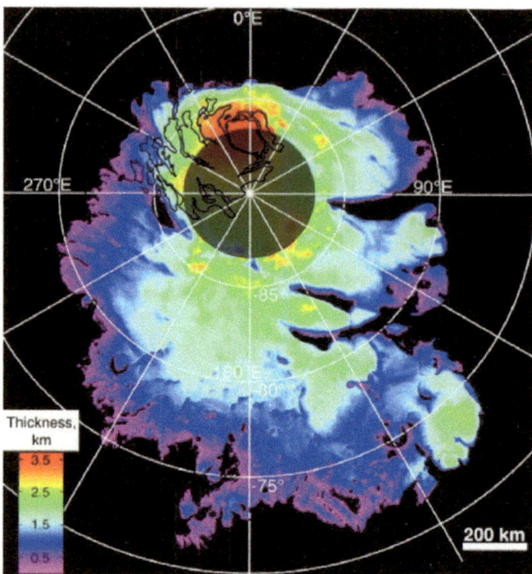

Abb. 3.7: Wassereis am Südpol

Der Mars liefert einige Hinweise auf Permafrostböden unter der Oberfläche. Schlägt ein Meteorid oder Asteroid in eine trockene Oberfläche ein, formt sich um den Krater normalerweise eine strahlenförmige Auswurfdecke (**Abb. 3.8**). Viele Krater jenseits eines

Abb. 3.8: Krater auf dem Mond

Abb. 3.9: Sockelkrater

Streifens, der den Äquator etwa 30° im Norden und Süden umgibt, weisen lappenförmig überlagernde Auswurfdecken auf (**Abb. 3.9**). Weil durch einen Asteroiden- oder Meteoriteneinschlag viel Energie in Form von Wärme freigesetzt wird, schmilzt das Eis, das in einer tieferen Schicht des Mars vorhanden ist. Das entstandene Wasser vermischt sich anschließend mit dem Gestein und wird wegen des Einschlags ausgeworfen. Weil das Wasser die Fließeigenschaften des Auswurfs verändert, können sich die klar abgegrenzten Auswurfdecken mit ihren Randwällen bilden. Der so entstandene Sockelkrater ist bisher auf keinem anderen Körper des Sonnensystems gefunden worden. (nach Jaumann 2013, S. 130ff.)

Ein weiterer Indikator für Permafrostböden sind die Polygonstrukturen auf der Marsoberfläche. **Abb. 3.10** ist bei 75.1°S aufgenommen worden und zeigt die Oberfläche im Frühling, wenn die Polygonstrukturen durch Frost leichter zu erkennen sind. Diese Muster treten auch in der Nähe der terrestrischen Arktis und Antarktis auf, wo sie sich durch vermehrtes Gefrieren und Tauen von Wasser bilden. Deswegen lassen die Polygonstrukturen auch Rückschlüsse auf Wassereis-angereicherte Böden des Mars zu. Auf dem Planeten sind diese Muster normalerweise zwischen 60° und 80° Breite vorzufinden. (nach http:// mars.jpl.nasa.gov/gallery/martianterrain/ MOC2-315_release.html)

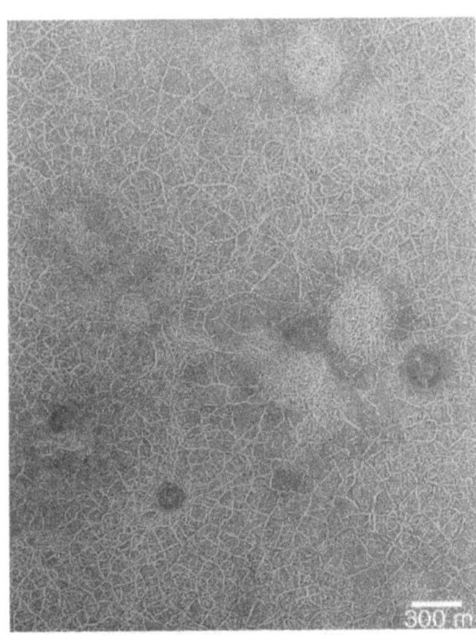

Abb. 3.10: Polygonstrukturen

**Abb. 3.11: Vorkommen von Wassereis-
Gletschern**

**Abb. 3.12: Unter dem Staub liegen Wassereis-
Gletscher**

Die Polygonstrukturen (**Abb. 3.10**) können aber auch auf einige der tausenden Mars-Gletscher hinweisen (**Abb. 3.11**). Die in den mittleren Breiten beider Halbkugeln vorkommenden Gletscher sind von einer so dicken Staubschicht bedeckt, dass die Eisfelder vor dem Sublimieren geschützt sind (**Abb. 3.12**). Nach Berechnungen enthalten sie 155 Milliarden km³ Wasser, wodurch sie nach den Polen das größte Wasservorkommen aufweisen. Die Gletscher, die in der Abbildung links oben dargestellt sind, wurden mit Radarmessungen über einen Zeitraum von zehn Jahren gefunden. Durch Vergleiche mit dem Fließverhalten terrestrischer Gletscher konnten die Mars-Gletscher identifiziert werden. Wahrscheinlich existierte früher aufgrund einer unterschiedlichen Achsenneigung des Mars an anderen Stellen Wassereis. So wies z. B. Olympus Mons vor längerer Zeit auch Gletscher auf.

Andere Gebiete spiegeln das Vorkommen von ehemaligen Gletscherabflüssen wider.

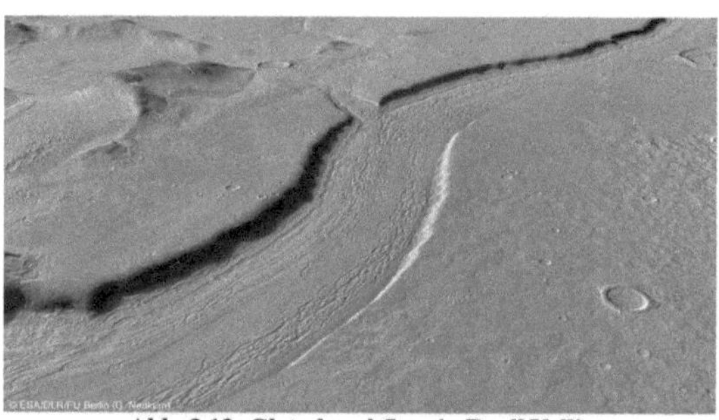

Abb. 3.13: Gletscherabfluss in Reull Vallis

Auf dem etwa 7 km breiten und 300 m tiefen Reull Vallis (**Abb. 3.13**) sind Ablagerungen zu erkennen, die darauf schließen lassen, dass einst Material durch diese Schlucht geschoben wurde. Wahrscheinlich ist dieses Muster durch Schutt und Geröll, das von einem Eisstrom talabwärts befördert wurde, entstanden. (nach

Rocard 2013, S. 202 und Jaumann 2013, S. 171 und http://www.scinexx.de/wissen-aktuell-18749-2015-04-09.html und http://www.nasa.gov/home/hqnews/2008/nov/HQ_08-304_MRO_BuriedGlaciers.html)

3.3. Vorkommen an flüssigem Wasser

3.3.1 Heute

Derzeit ist reines flüssiges Wasser auf der Marsoberfläche instabil. Dies hat zwei Gründe: Die Temperaturen auf der Marsoberfläche liegen fast immer unter dem Gefrierpunkt, so dass flüssiges Wasser direkt gefrieren würde. Bei höheren Temperaturen würde es wegen des geringen atmosphärischen Druckes schnell verdampfen. Dennoch existieren Vermutungen über flüssiges Wasser tief unter der Oberfläche. Demnach wäre es möglich, dass in der Umgebung von vulkanischen Wärmequellen flüssiges Wasser vorhanden sein kann. Damit könnten auch die Erdrutsche erklärt werden, die sich manchmal auf dem Mars ereignen (**Abb. 3.14**). Durch vulkanische Hitze schmilzt das Eis und fließt anschließend kurz über die Oberfläche, bis es verdampft oder wieder gefriert. Die neuen Ablagerungen im September 2005 lassen darauf schließen, dass

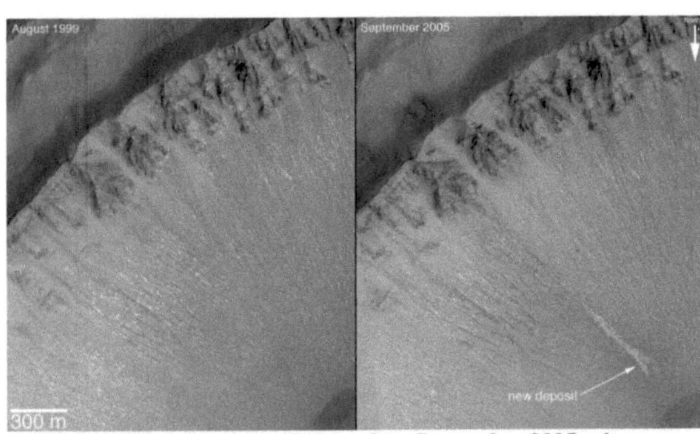

Abb. 3.14: links: August 1999; rechts: September 2005 mit neuen Ablagerungen

auch heute noch manchmal Wasser über die Marsoberfläche fließt. Sie weisen zudem eine Ähnlichkeit mit terrestrischen Muren auf, die oft an erodierten Hängen auftreten. (nach Bennett 2010, S. 380ff.)

Dass flüssiges Wasser auf der Marsoberfläche auch stabil sein kann, zeigen Messungen des Mars-Rovers Curiosity und des Mars Reconnaissance Orbiter. Wenn sich Wasser mit den gefundenen hydratisierten Salzen mischt, sinkt der Gefrierpunkt einer Flüssigkeit so stark, dass sie unter Marsbedingungen stabil ist. Diese Perchlorate können unter richtigen klimatischen Gegebenheiten Wasserdampf aus der Atmosphäre absorbieren. Wenn die Wassermoleküle aus der Atmosphäre an der Marsoberfläche Raureif bilden und mit den Perchloraten reagieren, kann in manchen Gebieten flüssiges Salzwasser entstehen. Dieses bildet dunkle, bis zu einige 100 m lange Schlieren (**Abb.**

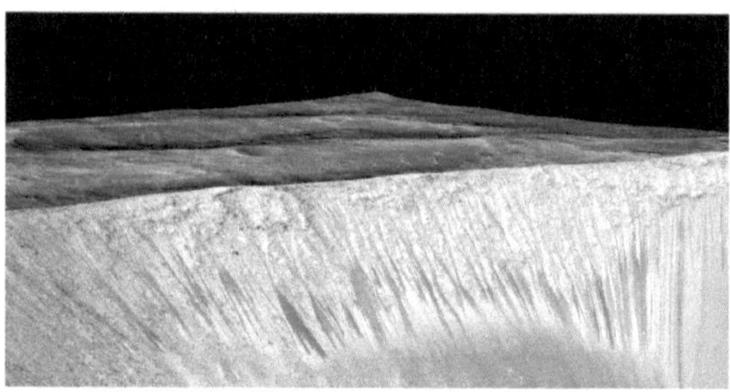

Abb. 3.15: Dunkle Schlieren auf dem Garni Krater

3.15), die in manchen Gebieten bei Temperaturen über -23° C auftauchen. Deswegen formen sie sich nur im Sommer der jeweiligen Halbkugel und verschwinden, wenn die Temperaturen wieder absinken. Überdies kommen hydratisierte Salze wahrscheinlich sehr oft auf der Marsoberfläche vor, wodurch flüssiges Wasser mit Hilfe dieser Salze häufig auf der Marsoberfläche herausgebildet werden kann. (nach http://www.wissenschaft.de/erde-weltall/astronomie/-/journal und http://www.nasa.gov/press-release/nasa-confirms-evidence-that-liquid-water-flows-on-today-s-mars)

3.3.2 Vergangenheit

Auch wenn flüssiges Wasser auf der Marsoberfläche heute größtenteils instabil ist, existieren viele Hinweise, dass früher Wasser auf der Oberfläche vorkam. Wegen erkennbarer Erosionen durch Wasser muss das Marsklima der Vergangenheit wärmer und der Atmosphärendruck höher gewesen sein. Auch die rötliche Färbung des Gesteins (siehe 2.1) und dortige Mineralien weisen auf ehemalige Wasservorkommen hin. So existieren Tone und Sulfate, die sich nur in Wasser entwickeln können, auf der Mars-

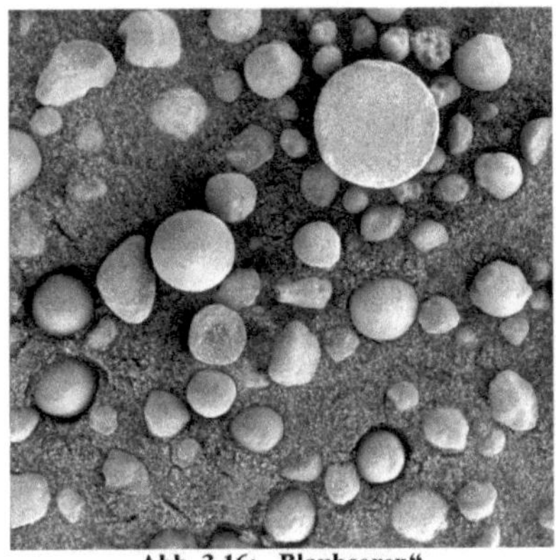

Abb. 3.16: „Blaubeeren"

oberfläche. Der Mars-Rover Opportunity entdeckte sogenannte „Blaubeeren" (**Abb. 3.16**) an seiner Landestelle. Sie enthalten das eisenhaltige Hämatit und in ihrer Umgebung ist das schwefelreiche Jarosit zu finden, beides Minerale, die in Wasser gebildet werden. Eine chemische Analyse zeigt, dass die Mineralentstehung in einer sauren oder salzhaltigen Gegend (z.B. in einem Ozean oder in einem See) geschehen sein muss. (nach Bennett 2010, S. 380 und Rocard 2013, S. 204)

Eine der deutlich erkennbaren Spuren, die das Wasser auf der Marsoberfläche hinterlassen hat, sind die Täler dendritischer Flussnetze (**Abb. 3.17**). Diese Talnetzwerke kommen fast ausschließlich in den alten Hochebenen zwischen 40°N und 65°S vor. Ein fast kastenförmiges, U-förmiges Profil weisen die Querschnitte der Talsysteme auf. Die Längen der Talnetzwerke belaufen sich

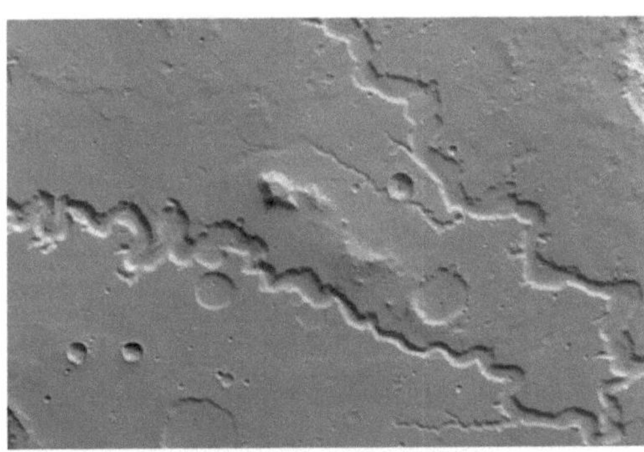

Abb. 3.17: Talsystem Nanedi Valles

meistens auf weniger als 100 km, während die Talsohlen einige 100 m breit und ein paar Meter bis 1 km tief sind. In den Phasen lang anhaltender Wasserabflüsse am Ende der Noachischen Periode haben sich die der Erde ähnlichen Flussnetze ergeben. Die im Vergleich mit irdischen Talnetzwerken kurzen und schmalen Flüsse legen nahe, dass relativ wenig Wasser in marsianischen Flüssen geflossen ist. Einer der größten Unterschiede zu terrestrischen Flüssen ist die schwächere Verzweigung und die daraus resultierende geringere Komplexität der Talnetzwerke. Dies zeigt, dass der Auslöser für die Entstehung der Flussnetze eher durch austretendes Grundwasser begründet werden kann als durch abfließenden Niederschlag. Ein weiteres Merkmal dendritischer Talsysteme ist das Vorkommen von hohen Verzweigungswinkeln der Seitentäler. Deren Struktur richtet sich nach Brüchen im Oberflächengestein, woraus folgt, dass der Talaufbau wahrscheinlich durch Erosionen unter der Marsoberfläche geformt und mit Einbrechen der Hohlräume sichtbar wurde. (nach Jaumann 2013, S. 147ff. und Rocard 2013, S. 204)

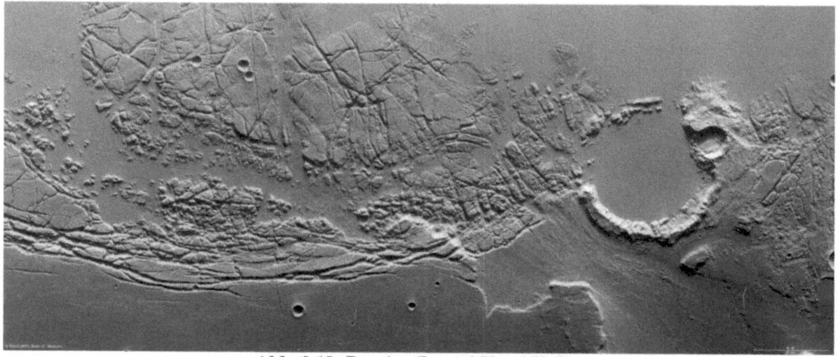
Abb. 3.18: Das Ausflusstal Kasei Valles

Die Ausflusstäler auf der Marsoberfläche sind das Ergebnis von mehreren Millionen bis einer Milliarde km³ Wasser pro Sekunde, die wahrscheinlich über einige Tage bis Wochen durch diese geflossen sind. Das größte durch Wassererosionen entstandene Talsystem sind die Kasei Valles (**Abb. 3.18**). Mit einer Breite von 400 km an der Mündung und einer Länge von mehr als 2400 km verlaufen sie vom Norden der Valles Marineris bis in das Einschlagbecken Chryse Planitia. Durch mehrere aufeinanderfolgende Eisbrüche, die wegen heißer unterirdischer Lava hervorgerufen wurden, haben sich reißende Fluten gebildet. Dies führte zu Bodenerosionen und Reliefbildungen, die durch Hindernisse wie Krater und Hochebenen zustande kamen. Ausflusstäler besitzen eine Breite, die im Mündungsgebiet (mit Ausnahme von Kasei Valles) bis zu 200 km groß ist, und eine Länge von mindestens einigen 100 km. Ihr Ursprung liegt in hochgelegenen Gebieten zwischen etwa 2 und 4 km Höhe über dem Marshorizont und das Mündungsgebiet befindet sich ungefähr 1-2 km unter dem Marsnullniveau. Ein großer Unterschied zur Erde sind die über mehrere 100 km nahezu konstanten Talbreiten und die Abwesenheit von Mäandern. Einige Ausflusstäler beginnen in chaotischen Gebieten

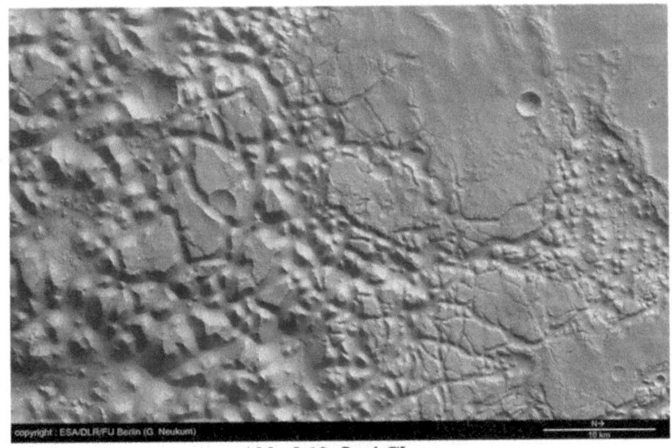

Abb. 3.19: Iani Chaos

(**Abb. 3.19**), die sich am Anfang des Hesperischen Zeitalters gebildet haben. Teilweise eingestürzter Boden und daraus folgende Erhebungen wie z. B. Hochplateaus sind als Hauptmerkmal chaotischer Gebiete zu erkennen.

Die schachbrettartigen Muster entstanden entweder aus durchfließendem Wasser oder (unabhängig davon) wegen mehrmaligen Schmelzens und Gefrierens des in den Sedimentschichten enthaltenen Wassers. (nach Jaumann 2013, S. 175ff. und Rocard 2013, S. 202ff.)

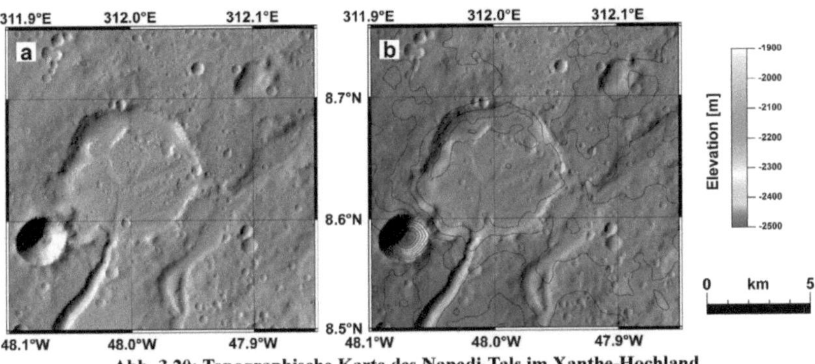

Abb. 3.20: Topographische Karte des Nanedi-Tals im Xanthe-Hochland

Auch Rückstände von Seen, die sich im Noachischen Zeitalter innerhalb von Kratern bildeten, sind auf dem Mars zu finden. Flüsse durchbrachen die Kraterränder und ihr Wasser floss in das Becken des Kraters. Wie in **Abb. 3.20** zu erkennen ist, entwickelten sich hierbei Deltas an den Mündungen der Flüsse. Die den irdischen Deltas sehr ähnlichen Formationen können nur bei marsianischen Kratern entstehen, die mit Wasser gefüllt sind. Wenn das Becken trocken ist, nimmt die Geschwindigkeit des Flusses ab und versickert. In der Mündung des Nanedi-Tals sind Sedimente vorhanden, die für Deltas charakteristisch sind. Berechnungen zeigen, dass sich innerhalb von Jahrzehnten bis Jahrtausenden die Ablagerungen herausgebildet haben. (nach http://www.dlr.de/ desktopdefault.aspx/tabid-1382/7471_read-13581/)

Es ist wahrscheinlich, dass ein Ozean die Oberfläche des Mars zu einem Fünftel bedeckte. Er erstreckte sich über fast die halbe Nordhalbkugel und erreichte eine Tiefe von bis zu 1,5 km. Noch vor dem Noachischen Zeitalter soll der 20 Millionen km^3 Wasser enthaltene Ozean entstanden sein. Anhand von Teleskopen und Infrarotmessungen haben Forscher die Arten von Wassermolekülen in der Marsatmosphäre und im Wassereis beobachtet. Hierbei werden zwei Formen von Wassermolekülen unterschieden: Einerseits – wie auf der Erde üblich – zwei Wasserstoffatome mit einem Sauerstoffatom, andererseits schweres Wasser, bei dem der Wasserstoff durch Deuterium ersetzt wurde. Als der Mars im Hesperischen Zeitalter seine Atmosphäre verlor, wurden hauptsächlich die leichten Wasserstoffatome abgegeben. Je höher ergo die derzeitige Konzentration von Deuterium in der Atmosphäre ist, desto mehr Wasser hat der Mars im Hesperium über seine Atmosphäre verloren. Nach Berechnungen der NASA hat der Mars so viel Wasser verloren, dass ein 137 m tiefer Ozean seine gesamte Oberfläche bedeckt haben könnte. Wegen der Dichotomie der Marsoberfläche (siehe 2.2) existierte wahrscheinlich ein tieferer Ozean im Norden des Mars, der 20% der Kruste eingenommen hat. Mehrere Millionen Jahre bestand dieses riesige Meer, bis es wegen der immer dünner werdenden Atmosphäre verdampfte. (nach http:// www.theguardian.com/science/2015/mar/05/)

4. Schlussgedanke

Flüssiges Wasser ist ein entscheidender Indikator für Leben. Sowohl das wegen hydratisierter Salze heute vorkommende Wasser, als auch die Spuren von Flüssen, Seen oder einem Ozean weisen auf Leben auf dem Mars hin, wobei die Wahrscheinlichkeit für mikrobiologische Lebensformen sehr viel höher ist als die für komplexe. Dennoch stehen endgültige Beweise noch aus: Zukünftige Marsmissionen werden diese vielleicht liefern.

5. Quellen

Bibliografie:

Arnold, Gabriele: Spektrale Fernerkundung der terrestrischen Planetenoberflächen von Merkur, Venus und Mars vom visuellen bis in den infraroten Wellenlängenbereich, Potsdam 2014

Bennett, Jeffrey u.a.: Astronomie: die kosmische Perspektive, München 2010

bild der wissenschaft (Hrsg,. 2015): Mars könnte flüssiges Wasser besitzen, http://www.wissenschaft.de/erde-weltall/astronomie/-/journal_content/56/12054/6315339/Mars-knnte-fl (Stand: 14.09.2015)

California Institute of Technology (Hrsg., 2002): Found it! Ice on Mars, http://science.nasa.gov/science-news/science-at-nasa/2002/28may_marsice/ (Stand: 14.09.2015)

California Institute of Technology (Hrsg., 2007): Thickness of Mars' South Polar Layered Deposits, http://www.nasa.gov/mission_pages/mars/images/pia09224.html (Stand: 14.09.2015)

California Institute of Technology (Hrsg., 2008): NASA Spacecraft Detects Buried Glaciers on Mars, http://www.nasa.gov/home/hqnews/2008/nov/HQ_08-304_MRO_BuriedGlaciers.html (Stand: 14.09.2015)

California Institute of Technology (Hrsg., 2015): NASA Confirms Evidence That Liquid Water Flows on Today's Mars, http://www.nasa.gov/press-release/nasa-confirms-evidence-that-liquid-water-flows-on-today-s-mars (Stand: 03.10.2015)

California Institute of Technology (Hrsg., o. J.): Mars Atlas, OLYMPUS MONS, http://mars.jpl.nasa.gov/gallery/atlas/olympus-mons.html (Stand: 15.08.2015)

California Institute of Technology (Hrsg., o. J.): Mars Atlas, THARSIS MONTES, http://mars.jpl.nasa.gov/gallery/atlas/tharsis-montes.html (Stand: 15.08.2015)

California Institute of Technology (Hrsg., o. J.): Mars Atlas, VALLES MARINERIS, http://mars.jpl.nasa.gov/gallery/atlas/valles-marineris.html (Stand: 15.08.2015)

California Institute of Technology (Hrsg., o. J.): MARS FACTS, Quick Facts, http://mars.nasa.gov/allaboutmars/facts/ (Stand: 02.08.2015)

California Institute of Technology (Hrsg., o. J.): MARS IN OUR NICHT SKY, http://mars.jpl.nasa.gov/allaboutmars/nightsky/mars-close-approach/ (Stand: 02.08.2015)

California Institute of Technology (Hrsg., o. J.): Martian Terrain, Southern Hemisphere Polygonal Patterned Ground, http://mars.jpl.nasa.gov/gallery/martianterrain/MOC2-315_release.html (Stand: 14.09.2015)

Deutsches Zentrum für Luft- und Raumfahrt (Hrsg., 2008): Regen auf dem Mars? Vor vier Milliarden Jahren bildeten sich in Einschlagkratern Ablagerungen von Seen, http://www.dlr.de/desktopdefault.aspx/tabid-1382/7471_read-13581/ (Stand: 14.09.2015)

Deutsches Zentrum für Luft- und Raumfahrt (Hrsg., 2014): News-Archiv Raumfahrt, Klare Sicht auf Hellas Planitia, http://www.dlr.de/dlr/desktopdefault.aspx/tabid-10212/332_read-11314/ (Stand: 15.08.2015)

European Space Agency (Hrsg., 2015): THE AGES OF MARS, http://sci.esa.int/mars-express/55481-the-ages-of-mars/ (Stand: 02.08.2015)

Hummel, Philipp (2015): Woher kommen die Marsmonde?, http://www.spektrum.de/news/woher-kommen-die-marsmonde/1349096 (Stand: 02.08.2015)

Jaumann, Ralf/Köhler, Ulrich: Der Mars: Ein Planet voller Rätsel, Berlin 2013

MMCD NEW MEDIA GmbH (Hrsg., 2015): Mars besitzt tausende von Gletschern, http://www.scinexx.de/wissen-aktuell-18749-2015-04-09.html (Stand: 14.09.2015)

Purch (Hrsg., 2013): Valles Marineris: Facts About the Grand Canyon of Mars, http://www.space.com/20446-valles-marineris.html (Stand: 15.08.2015)

Puttkamer, Jesco von: Projekt Mars: Menschheitstraum und Zukunftsvision, München 2012

Raumfahrer Net e.V. (Hrsg., 2010): Das Geheimnis der Polarkappen des Mars ist gelöst, http://www.raumfahrer.net/news/astronomie/27052010213758.shtml (Stand: 14.09.2015)

Rocard, Francis: Mars: Eine fotografische Entdeckung, Ostfildern 2013

Spektrum Akademischer Verlag (Hrsg., 1998): LEXIKON DER PHYSIK, Sonnenwind, http://www.spektrum.de/lexikon/physik/sonnenwind/13470 (Stand: 02.08.2015)

The Guardian (Hrsg., 2015): Mars, Nasa finds evidence of a vast ancient ocean on Mars, http://www.theguardian.com/science/2015/mar/05/nasa-finds-evidence-of-a-vast-ancient-ocean-on-mars (Stand: 14.09.2015)

Villanueva, John Carl (Hrsg., 2010): Why Mars Is Called The Red Planet?, http://www.universetoday.com/61088/why-mars-is-called-the-red-planet/ (Stand: 21.10.2015)

Abbildungsverzeichnis:

Abb. 1.1: California Institute of Technology (Hrsg., 2008): PHOTOJOURNAL, PIA00416: Hellas Planitia, http://photojournal.jpl.nasa.gov/catalog/PIA00416 (Stand: 29.08.2015)

Abb. 1.2: California Institute of Technology (Hrsg., 2008): Images, Mars' Moon Phobos, http://mars.jpl.nasa.gov/multimedia/images/?ImageID=6989 (Stand: 14.07.2015)

Abb. 2.1: Retinex Image Processing (Hrsg., o. J.): http://dragon.larc.nasa.gov/viscom/mars-red.jpg (Stand: 07.08.2015)

Abb. 2.2: Oregon State University (Hrsg., o. J.): Mars, Major Sites of Volcanism, http://volcano.oregonstate.edu/mars (Stand: 12.08.2015)

Abb. 2.3: Deutsches Zentrum für Luft- und Raumfahrt (Hrsg., 2014): News-Archiv Raumfahrt, Klare Sicht auf Hellas Planitia, http://www.dlr.de/dlr/desktopdefault.aspx/tabid-10212/332_read-11314/ (Stand: 12.08.2015)

Abb. 2.4: European Space Agency (Hrsg. 2012): THARSIS MONTES TRIO AND OLYMPUS MONS, http://sci.esa.int/mars-express/50297-tharsis-montes-trio-and-olympus-mons/ (Stand: 14.08.2015)

Abb. 2.5: Deutsches Zentrum für Luft- und Raumfahrt (Hrsg., 2014): Best of HRSC, Der Vulkankrater Caldera des Olympus Mons, http://www.dlr.de/mars-express/desktopdefault.aspx/tabid-4677/7747_read-11947/gallery-1/216_read-4/ (Stand: 14.08.2015)

Abb. 2.6: Deutsches Zentrum für Luft- und Raumfahrt (Hrsg., 2013): Der Mars – Ein Planet voller Rätsel, Blick auf die Valles Marineris auf dem Mars, http://www.dlr.de/dlr/desktopdefault.aspx/tabid-10672/1176_read-9855 (Stand: 14.08.2015)

Abb. 2.7: Deutsches Zentrum für Luft- und Raumfahrt (Hrsg., o. J.): Planetenphysik, http://www.dlr.de/pf/desktopdefault.aspx/tabid-177/326_read-519/ (Stand: 15.08.2015)

Abb. 2.8: Raumfahrer Net e.V. (Hrsg., 2003): Marsklima wandelte sich dramatisch, http://www.raumfahrer.net/raumfahrt/2001mars/eiszeit.shtml (Stand: 17.08.2015)

Abb. 2.9: California Institute of Technology (Hrsg., 2012): Mars as Art, The Serpent Dust Devil of Mars, http://mars.nasa.gov/multimedia/marsasart/?ImageID=5307 (Stand: 15.08.2015)

Abb. 3.1: The Daily Galaxy (Hrsg., 2012): Mars' Volcanic Eruptions Point to an Ancient Atmosphere Dense With Water, http://www.dailygalaxy.com/my_weblog/2012/05/mars-ancient-volcanic-eruptions-point-to-an-early-atmosphere-dense-with-water.html (Stand: 17.08.2015)

Abb. 3.2: Physikalisch-Technische Bundesanstalt (Hrsg., 2004): Zuverlässig auch dank PTB-Kalibrierung: Mars Express findet Wasser und Methan, http://www.ptb.de/cms/presseaktuelles/zeitschriften-magazine/ptb-news/ptb-news-ausgaben/ptb-news/news04-2/zuverlaessig-auch-dank-ptb-kalibrierung-mars-express-findet-wasser-und-methan.html (Stand: 17.08.2015)

Abb. 3.3: California Institute of Technology (Hrsg., 2001): MOLA: Seasonal Snow Variations on Mars, Zoom to Martian North Pole: True Color, http://svs.gsfc.nasa.gov/cgi-bin/details.cgi?aid=2292 (Stand: 18.08.2015)

Abb. 3.4: California Institute of Technology (Hrsg., o. J.): Mission Events, Destination and Separation, http://nmp.nasa.gov/ds2/mission/events.html (Stand: 18.08.2015)

Abb. 3.5: California Institute of Technology (Hrsg., o. J.): Chasma Boreale, Mars, https://www.nasa.gov/multimedia/imagegallery/image_feature_1894.html (Stand: 19.08.2015)

Abb. 3.6: California Institute of Technology (Hrsg., 2002): Found it! Ice on Mars, http://science.nasa.gov/science-news/science-at-nasa/2002/28may_marsice/ (Stand: 20.08.2015)

Abb. 3.7: California Institute of Technology (Hrsg., 2007): Thickness of Mars' South Polar Layered Deposits, http://www.nasa.gov/images/content/171460main_pia09224-

hires-annot.jpg (Stand: 20.08.2015)

Abb. 3.8: The Thunderbolt Project (Hrsg., o. J.): The Moon And Its Rilles, Part 3, http://www.thunderbolts.info/tpod/2006/image06/060321euler-2.jpg (Stand: 19.08.2015)

Abb. 3.9: Deutsches Zentrum für Luft- und Raumfahrt (Hrsg., o. J.): Mars Express, Perspektivische Ansicht eines Rampart-Kraters in Hephaestus Fossae, http://www.dlr.de/media/desktopdefault.aspx/tabid-6368/10448_page-8//10448_read-13926 (Stand: 30.08.2015)

Abb. 3.10: California Institute of Technology (Hrsg., o. J.): Martian Terrain, Southern Hemisphere Polygonal Patterned Ground, http://www.msss.com/mars_images/moc/polygons_5_02/E09-00029sub.gif (Stand: 19.08.2015)

Abb. 3.11: MMCD NEW MEDIA GmbH (Hrsg., 2015): Mars besitzt tausende von Gletschern, http://www.scinexx.de/wissen-aktuell-bild-18749-2015-04-09-26752.html (Stand: 21.08.2015)

Abb. 3.12: MMCD NEW MEDIA GmbH (Hrsg., 2015): Mars besitzt tausende von Gletschern, http://www.scinexx.de/wissen-aktuell-bild-18749-2015-04-09-26751.html (Stand: 21.08.2015)

Abb. 3.13: European Space Agency (Hrsg. 2013): PERSPECTIVE VIEW OF REULL VALLIS, http://www.esa.int/spaceinimages/Images/2013/01/Perspective_view_of_Reull_Vallis2 (Stand: 21.08.2015)

Abb. 3.14: California Institute of Technology (Hrsg., o. J.): Signs of Flowing Water on Mars, http://www.nasa.gov/externalflash/mgs-20061206/hi-resjpgs/1.jpg (Stand: 22.08.2015)

Abb. 3.15: California Institute of Technology (Hrsg., 2015): Dark, Recurring Streaks on Walls of Garni Crater on Mars, http://www.nasa.gov/image-feature/jpl/pia19917/dark-recurring-streaks-on-walls-of-garni-crater (Stand: 03.10.2015)

Abb. 3.16: California Institute of Technology (Hrsg., 2015): Martian 'Blueberries', http://mars.nasa.gov/multimedia/images/?ImageID=6944 (Stand: 23.08.2015)

Abb. 3.17: Deutsches Zentrum für Luft- und Raumfahrt (Hrsg., o. J.): Talsystem Nanedi Valles im Xanthe-Hochland, http://www.dlr.de/mars-express/DesktopDefault.aspx/tabid-4547/421_read-3082/gallery-1/gallery_read-Image.8.1611/ (Stand: 24.08.2015)

Abb. 3.18: Ian (Hrsg., o. J.): Mars Exploration: Surface & Orbital Reconnaissance, Orbiter Images, http://www.mars-exploration.co.uk/images/orbital/KaseiValles-SacraFossae(ME,%20HRSC).jpg (Stand: 25.08.2015)

Abb. 3.19: Deutsches Zentrum für Luft- und Raumfahrt (Hrsg., o. J.): Iani Chaos, Farbbild, http://www.dlr.de/mars-express/DesktopDefault.aspx/tabid-4547/421_read-3951/gallery-1/gallery_read-Image.8.2020/ (Stand: 25.08.2015)

Abb. 3.20: Deutsches Zentrum für Luft- und Raumfahrt (Hrsg., 2008): Regen auf dem Mars? Vor vier Milliarden Jahren bildeten sich in Einschlagkratern Ablagerungen von Seen, http://www.dlr.de/Portaldata/1/Resources/portal_news/newsarchiv2008_4/mexpss_bild3_nanedidelta_topo.jpg (Stand: 26.08.2015)